Cute Pets wollen Meer

Für meinen Ehemann

Autoren / Cover / Bilder

Dirk L. Feiler

Tanja Feiler

Feedback

Das Event zum 10 Jahre Jubiläum von DLFV / Wir Kinder dieser Erde von Kittys Familie - Herr und Frau Feiler ist sehr gut angekommen, denn die Cute Pets, besonders Kitty haben

sehr viel mitgearbeitet.

Die Cute Pets wollen

Meer...

Die Eheleute, der Künstler X & Michelle, die Maus sowie Angelina und Maehi waren erst vor kurzem verreist, das Budget ist knapp. Außerdem waren die Cute Pets alle zusammen im Urlaub und haben Citytrips unternommen, doch die WG will auf jeden

Fall, bevor die Studioaufnahmen mit den Cute Pets Songs und das Schreiben neuer Lyrics losgehen Meer! Was tun? Angela hat eine Idee: Anstatt ins Schwimmbad oder einen See zu fahren, holen sich die Cute Pets das Meer in die Wohnung. Kitty meint, alles mit Bildern dekorieren, doch das reicht den anderen Cute Pets nicht. Das Fitnesszimmer wird für das nächste Wochenende zur Strandoase umfunktioniert. Alien, der Wissenschaftler, der weiss, welche technischen Möglichkeiten es gibt,

Michelle, die Dekorateurin und X der Künstler überlegen und übernehmen die Organisation zusammen.

Strand daheim

Alien besorgt aus einem Forschungslabor leihweise eine Maschine, die noch ein Prototyp ist. Alien testet sie im leergeräumten Fitnessraum zum ersten Mal. Und es funktioniert – die Cute Pets haben ihren Ministrand mit Meer zuhause. Michelle und ihr Mann X integrieren Bälle und Badeutensilien in die virtuelle Welt.

Zwei Stunden später…

Zwei Stunden konnten die Cute Pets echtes Strandfeeling zu Hause erleben, maximale Zeit, die theoretisch, jetzt auch praktisch getestet wurde. Alien packt die Maschine ein und bringt sie zurück. Die anderen machen aus dem Zimmer wieder den Fitnessraum. Michelle hat sich im Ägyptenurlaub neue Kleider gekauft und veranstaltet eine kleine Modeschau.

Die Cute Pets sind begeistert und applaudieren. Die Idee ist Michelle spontan eingefallen, denn alle waren down, dass sie nicht noch länger Urlaub zuhause am Meer erleben konnten.

Kitty hat natürlich Bilder gemacht, die sie Alien zeigt, als er zurückkehrt. Ihm gefallen Michelles Outfits. Das Erlebnis Meer inspiriert alle für Lyrics, X beginnt zu malen und Maehi schreibt eine Kurzgeschichte. Die anderen mischen Melodien am PC.

Singing the Cute Pets Song